PROJETS

D'ARCHITECTURE,

POUR

LES EMBELLISSEMENTS

DE PARIS.

Par M.-A. CARÈME.

A PARIS,

CHEZ

L'AUTEUR, rue Caumartin, n° 20 ;

FIRMIN DIDOT PÈRE ET FILS, libraires, rue Jacob, n° 24 ;

BOSSANGE PÈRE, libraire de S. A. S. monseigneur le duc d'Orléans, rue de Richelieu, n° 60 ;

PANCKOUCKE, imprimeur-libraire, rue des Poitevins, n° 6.

DE L'IMPRIMERIE DE FIRMIN DIDOT.

1823.

PROJETS D'ARCHITECTURE

DESTINÉS

AUX EMBELLISSEMENTS DE PARIS.

Achèvement de la fontaine de l'Éléphant ;
Fontaine des Beaux-Arts ;
Fontaine de la Navigation ;
Fontaine du Commerce.

DESCRIPTION DU PREMIER PROJET.

Achèvement de la Fontaine de l'Éléphant.

Dès que l'on ordonna l'érection de ce monument, je fus en voir le modèle : il me parut colossal, mais non pas un monument français. Après avoir considéré cet éléphant, je pensais cependant qu'on aurait pu le rendre national. Dans les guerres d'Alexandre, on se servait d'éléphants qui portaient dans des tours des combattants. J'ai donc réfléchi avec raison que cet animal, docile au commandement, pourrait bien dans une fête triomphale porter, au lieu d'une tour, un grand trophée consacré à la gloire d'une grande nation ; et l'expédition à jamais célèbre de notre armée victorieuse en Égypte m'a inspiré ce nouveau projet.

Depuis quelques années on a répandu le bruit que le gouvernement avait ordonné de remplacer l'éléphant par un édifice plus élégant, attendu les formes grotesques de cet animal ; puis, on a dit que l'éléphant serait achevé. Seulement nous avons la certitude que déjà on a placé des marbres destinés à recevoir vingt-quatre bas-reliefs consacrés aux génies des sciences et des arts : ce qui convient parfaitement à mon dessein.

Ainsi, au dessus de ces bas-reliefs circulaires, j'ai placé un second bassin qui reçoit les eaux abondantes des deux fleuves du Nil et de la Seine personnifiés, désirant exprimer par là que notre Éléphant triomphal avait quitté les bords du Nil (qui caractérise l'Égypte), pour venir se fixer sur les rives de la Seine. L'Éléphant passe au milieu de ces fleuves : le trophée qu'il porte se compose des armes conquises sur les Turcs; et, pour rendre ce trophée plus honorable à la nation Française, et voulant exprimer la découverte de l'Égypte par la France savante et guerrière, j'ai ajusté à ce trophée le génie de l'étude, qui rappelle les connaissances de nos savants et artistes qui furent de l'expédition; le génie de l'amour de la patrie, qui exprime que ce sentiment sublime les avait portés sur cette terre lointaine, pour revenir ensuite enrichir la France d'un monument immortel; le génie de la victoire, qui assura le succès de cette glorieuse entreprise; et le génie de l'histoire, qui lègue aux siècles à venir leurs illustres travaux.

Ces quatre génies portent un pied sur un zodiaque, emblème de la mère-patrie des arts et des connaissances humaines. Ce zodiaque doit également servir à témoigner que ce grand trophée de la gloire nationale est dû à plusieurs années de privations, de persévérance, de fatigues et de périls sans nombre que nos savants et artistes ont partagés avec nos guerriers sur les sables brûlants de l'Afrique. La statue de l'immortalité couronne ce grand trophée éminemment français, dont nulle puissance ne pourrait nous envier la gloire!

L'Éléphant se trouve revêtu d'hiéroglyphes et de caractères égyptiens. Relativement aux détails du trophée et des figures, on devrait les faire exécuter en cuivre relevé au marteau dans le genre du quadrille de Berlin que nous avons vu à Paris. A cet effet, on pourrait, ce me semble, employer les ouvriers orfèvres de la capitale, et généralement les hommes habiles dans ce genre d'ouvrage.

Certes, ce grand monument ainsi exécuté en bronze doré, porté sur sa base en marbre blanc, produirait un grand effet par le grandiose de son ensemble et de sa destination vraiment nationale; mais, pour nous appuyer d'autorités éminemment françaises dans ce projet, nous allons faire partager à nos lecteurs notre admiration sur l'expédition de l'armée française en Égypte, dont la seconde édition fut dédiée au roi, et publiée par C. F. Panckoucke. Je vais donc citer ici quelques fragments du prospectus de l'éditeur, et d'autres extraits du Journal des Débats du 27 septembre 1821, deuxième article.

L'Égypte, dit M. Panckoucke, a été l'objet de plusieurs descriptions et d'un grand nombre d'ouvrages; mais l'on n'avait pu, jusqu'à ces derniers temps, se procurer une connaissance exacte et complète de cette contrée. Il fallait un événement extraordinaire, une circonstance aussi favorable que la présence d'une armée victorieuse, pour donner les moyens d'étudier l'Égypte avec le soin qu'elle mérite. Ce pays, que visitèrent les plus illustres philosophes de l'antiquité, fut la source où les Grecs puisèrent les principes des lois, des arts et des sciences. Sous les

Grecs, et même sous les Romains, il ne fut pas permis aux étrangers de pénétrer dans l'intérieur des temples. Abandonnés successivement par l'effet des révolutions politiques et religieuses, ces monuments n'en étaient pas devenus plus accessibles aux voyageurs européens, depuis l'établissement de la religion mahométane.

Décrire, dessiner les anciens édifices dont l'Égypte est pour ainsi dire couverte; observer et réunir toutes les productions naturelles; former des cartes exactes et détaillées du pays; recueillir des fragments antiques; étudier le sol, le climat et la géographie physique; enfin rassembler tous les résultats qui intéressent l'histoire de la société, celle des sciences et celle des arts : tel fut le but de cette entreprise qui exigeait le concours d'un grand nombre d'observateurs tous animés des mêmes vues. L'ouvrage dont on publie aujourd'hui la seconde édition est le fruit commun de leurs travaux.

Des savants, des géomètres, des astronomes, des ingénieurs, des naturalistes, des orientalistes, des hommes de lettres, des architectes, des peintres, après avoir couru tous les dangers de cette expédition mémorable pendant près de quatre années, MM. *Berthollet, Monge, Conté, Costaz, Delisle, Desgenettes, Devilliers, Fourier, Girard, Jollois, Lancret, Jomard, Andréossy, Balzac, Boudet, Caristie, Cécile, Chabrol, Corabœuf, Cordier, Coutelle, Delaporte, Descotils, Dubois-Aymé, Duterre, Faye, Fèvre, Gratien-Lepère, Geoffroy, Jacotin, Jaubert, Larrey, Legentil, Lepère aîné, Lepère architecte, Malus, Marcel, Martin, Norry, Nouet, Protain, Raffeneau, Rouge, Redouté, Rozière, Rouyer, Saint-Genis, Samuel Bernard, Savigny, Villoteau*, de retour dans leur patrie, ont employé dix-sept années à rédiger les matériaux qui avaient été recueillis; nous regrettons de ne pouvoir nommer ici tous ceux qui ont succombé victimes de leur dévouement, de la guerre ou du climat.

La France avait réuni tous ses efforts pour la conquête de cette contrée, tous les efforts des arts ont été employés pour sa description. Un grand nombre de dessinateurs, de peintres, des imprimeurs habiles, des mécaniciens, et près de quatre cents graveurs, furent occupés avec une constance admirable à l'exécution de ce monument, qui réunit les souvenirs de l'Égypte antique à la gloire de la France moderne. Cet ouvrage, consacré à la description de tant de monuments gigantesques, est lui-même un œuvre colossal dans la littérature, dans les sciences et dans les arts. On sortit des bornes ordinaires des collections gravées. Il fallut pour le papier des estampes, un format inusité, et jusqu'à un nom nouveau. Les papeteries de l'Europe n'avaient produit jusque là rien d'aussi étendu, ni d'aussi beau. On créa des moyens précieux pour améliorer la gravure et pour en accélérer les progrès; l'impression s'enrichit de procédés perfectionnés.

Enfin, après des soins assidus et des travaux en tous genres, qui ont occupé ou entretenu en France plus de deux mille personnes chaque année et avancé plusieurs arts importants, après avoir suivi avec persévérance un plan invariable, la commission d'Égypte a achevé cet ouvrage, qui, dans les Annales des sciences, ne peut trouver aucun parallèle.

EXTRAIT DU JOURNAL DES DÉBATS.

Comme nous l'avions prévu, cette immense entreprise obtient chaque jour de nouveaux succès. De toutes les parties du monde on s'empresse de souscrire; et les bibliothèques des particuliers, celles des rois et des nations s'enrichissent des travaux de nos artistes, et des recherches de nos savants. Mais aussi quelle étude que celle de ces contrées, berceau du genre humain! Philosophie, science, beaux-arts, législation, tout ce que les hommes ont imaginé pour le bonheur des hommes, tout ce qu'il y a de sublime et de durable dans leurs conceptions est sorti de cette mystérieuse Égypte qui, semblable à la nature, a vu les siècles s'écouler et les empires disparaître.

La publication de ce vaste recueil est une entreprise digne des regards de l'Europe. Grâce à lui, il nous est donné non-seulement de connaître l'Égypte, mais encore de la contempler : ce n'est point une simple lecture proposée aux souscripteurs, c'est un voyage qu'ils peuvent entreprendre.

J'ouvre ces magnifiques atlas, et déjà mon illusion est complète. La magie de l'artiste me fait tout voir, tout observer; c'est comme un panorama dont je parcours les différens sites. Me voici à Thèbes, à Alexandrie, au Caire : partout le sol est jonché des trésors de l'antiquité; là, ce sont les débris d'un vase qui offre le véritable modèle de ces formes gracieuses dont nous faisons honneur à la Grèce. Plus loin, on met à découvert cet immense colosse de Memphis qui semble commis à la garde des Pyramides. Voici la ville de Syène, célèbre par l'exil de Juvénal; l'ancienne Latopolis, où fut trouvé ce Zodiaque qui suffirait pour illustrer l'expédition française, et dont un jeune savant vient de se servir pour déterminer les époques précises de l'histoire du Monde. Mais comment contempler à la fois toutes ces ruines, consulter tous ces temples, pénétrer dans toutes ces pyramides, interroger tous ces habitants? l'Égypte entière se déroule devant moi; je passe de chef-d'œuvre en chef-d'œuvre, de perspective en perspective; et tout ce que la parole ne saurait peindre, le dessin le fait vivre et le met sous mes yeux.

A la porte de cette cabane, j'aperçois la colonnade d'un temple, ou les murs d'une pyramide. C'est le passé qui touche au présent : soudain mon imagination franchit trente siècles et s'égare dans ces palais à moitié ensevelis sous des débris modernes. A chaque pas je reconnais des constructions grecques, romaines, arabes, turques, mauresques; elles se sont successivement écroulées au pied de ces vieux monuments, qui seuls restent debout malgré les hommes et le temps. Leurs murs sont si blancs, si bien conservés, que, loin d'offrir l'image de la destruction, ils semblent attendre la main de l'ouvrier qui doit les terminer. On dirait que ceux qui les élevaient étaient encore là hier. Chose singulière! la plupart de ces temples et de ces palais n'ont jamais été achevés. L'Égypte croyait à sa durée, voilà pourquoi elle a fait de si grandes choses. Tel prince commençait avec sécurité une pyramide qu'il savait bien ne pouvoir être terminée que dans l'espace de plusieurs siècles, et il léguait ses travaux à la postérité comme à une héritière fidèle. Ceci explique, ce me semble, pourquoi les beaux-arts conservèrent toujours chez ce peuple la même attitude, et se refusèrent pour ainsi dire à leurs progrès naturels. Un artiste, en innovant, aurait pu mieux faire; mais il eût détruit cet ensemble merveilleux, qui était l'entente des siècles. Les monuments de l'Égypte ont ce caractère particulier qu'ils annoncent la patience et la longanimité d'un peuple entier pendant toute sa durée, et cette durée est immense. Ils sont entièrement couverts de sculptures d'un travail précieux qui donne à leur aspect une magnificence incomparable. Ces sculptures sont en *relief dans le creux* et ne nuisent en rien à la pureté des lignes, ce qui arriverait si elles étaient conçues comme nos bas-reliefs ordinaires. On peut donc conclure de ces observations que l'enfance des arts tant reprochée à l'Égypte n'était qu'un effet de cette sagesse qui savait approprier chaque chose à ses fins; car, d'ailleurs, dans les plus grands monuments, on est aussi frappé de l'harmonie de l'ensemble que de la perfection des détails. Il est impossible de trouver des surfaces mieux dressées, des arêtes plus vives, des courbes plus pures, et rien n'égale la délicatesse et la légèreté des feuillages et des fleurs qui forment les chapiteaux de chaque colonne. On dirait que l'artiste n'a songé qu'à poser à leur cime une corbeille de fleurs; et cela est si vrai, que la plus grande variété, et peut-être une espèce de désordre, règne dans les chapiteaux du même monument, comme si on avait voulu imiter la nature. Je n'en citerai pour exemple que la longue galerie de l'île de Philæ, dans laquelle on compte trente colonnes. Les unes sont terminées par le calice du lotus, les autres par les feuilles du palmier; quelques-unes offrent des grappes de raisins, ou n'ont reçu qu'une première préparation. Ces différences ne se voient que de près; elles s'effacent à quelques pas, et sont calculées de façon à ne jamais nuire à l'effet général, effet qui rappelle celui des chapiteaux corinthiens. Les Grecs ont environné de feuilles d'acanthe cette belle forme, et une fable ingénieuse leur en a attribué l'invention; mais il est évident qu'ils l'ont empruntée à l'Égypte.

J'ai dit que tous ces monuments étaient couverts de sculptures depuis le comble jusqu'au sol, et je dois ajouter que ces sculptures sont reproduites dans le grand ouvrage avec cette exactitude minutieuse qui seule pouvait leur donner du prix, car elles ont un sens caché : c'est un livre gravé sur la pierre et le granit, et dont les pages immenses renferment peut-être l'histoire du Monde. Ainsi, une voix sacrée semble encore sortir de ces antiques murailles! Que ne peut-elle être entendue des nations, et les inviter à vivre en paix, à être justes et religieuses, afin de devenir un jour ce que fut l'Égypte, heureuse et puissante!

En effet, il est digne de remarque que ce peuple dut sa grandeur aux vertus pacifiques de ses souverains. Ce n'est point en ravageant le monde qu'Osiris le subjugua; c'est en lui faisant connaître les arts utiles, et en couvrant la terre de moissons dorées et de pampres vermeils. Ce bon roi se fit semblable aux dieux par la bienfaisance; il ne parcourait l'Univers que pour être utile aux hommes, et les hommes lui dressèrent des autels. L'Égypte avait consigné cette époque dans ses annales, comme la date de sa puissance et de son bonheur. Plus tard, elle devint guerrière et put dater sa chute d'une époque de gloire et de destruction. Osiris avait soumis la terre par ses bienfaits; Sésostris voulut la conquérir, et sa volonté fit le sort des nations. Il pilla le monde pour enrichir l'Égypte; ses captifs bâtissaient les pyramides; des rois traînaient son char, et plusieurs rangs de forteresses environnaient son empire. Redouté de ses ennemis, qui s'armaient pour le défendre; servi par les princes qu'il tenait dans l'avilissement, il avait tout préparé pour un long avenir. Vain projet! La quatrième génération vit s'évanouir ce pouvoir, qui n'était fondé que sur la force; et Dieu, par un de ces jugements qui confondent notre esprit, fit de cet ancien peuple de sages le butin d'un prince insensé.

Ainsi, après avoir vécu en paix pendant une longue succession de siècles, l'Égypte produisit un guerrier et fut détruite. Dès ce moment, les Grecs héritèrent de ses dieux et de ses lois; mais ils surent embellir ce qu'ils emprun-taient, de tous les prestiges de leur riante imagination; et on les vit, dédaignant leurs maîtres, plutôt songer à les surpasser qu'à pénétrer leurs secrets; aussi comprirent-ils peu le peuple qui les avait éclairés. Rome, le Bas-Empire et le moyen âge témoignèrent de la même indifférence. Ce ne fut que sous le règne de Louis XIV que le plus grand génie des temps modernes, Bossuet, forma le vœu de voir fouiller ces archives du genre humain; et l'on ne doit pas s'étonner que l'ame de Bossuet ait été vivement ébranlée par le souvenir d'un peuple qui creusait des lacs, bâtissait des montagnes, gravait ses livres sur des rochers, et qui, malgré les outrages de trente siècles, nous a légué jusques à ses cadavres! Pour satisfaire cette curiosité, pour accomplir ce vœu, il n'y avait pas deux moyens: il fallait que cette terre vénérable fût livrée par une armée de héros à une armée de savants, et cette gloire devait être donnée à la France pour la consoler de ses malheurs. Aujourd'hui, grace à nos découvertes, tout ce qui dans les histoires anciennes nous paraissait gigantesque ou fabuleux a été trouvé véritable. On ne mettra plus en doute la magnificence de Babylone et de Ninive, et celle plus surprenante encore de cette Thèbes aux cent portes, qui fut chantée par Homère. Les monuments visités par nos armées sont des témoins d'autant plus irrécusables de ces merveilles, qu'ils portent dans leur sein les preuves d'une civilisation qui leur est antérieure.

L. AIMÉ-MARTIN.

O France! toi qui fis de si généreux efforts pour t'assurer la conquête savante de l'Égypte, berceau vénérable des connaissances humaines! pourquoi, par un dernier sacrifice, ne ferais-tu point élever un monument immortel de ta civilisation et de ta splendeur? Il éterniserait le souvenir d'une des époques les plus sillustres de te annales : ce serait le plus bel hommage rendu à la valeur de tes guerriers, au dévoucment héroïque de tes savants.

DEUXIÈME PROJET.

Fontaine des Beaux-Arts.

Apollon s'élève du milieu des génies des Beaux-Arts. Ce dieu de la lumière tient sa lyre et une couronne de laurier, récompense des mortels inspirés de sa flamme divine. La Muse de l'histoire se trouve à son côté, inscrivant dans ses fastes, pour les léguer à la postérité, les noms des hommes dont les chefs-d'œuvre immortalisent et leur siècle et leur patrie.

Les statues seraient exécutées en marbre blanc, les coupes des cascades en bronze, et le monument en marbre du Languedoc ou blanc veiné. On pourrait également réduire l'élévation d'un quart, afin de donner aux statues des proportions moins colossales; mais, pour le grandiose, il nous semble que les statues doivent dépasser la nature dans ses proportions ordinaires.

Élévation, 55 pieds. Diamètre, 60 pieds.

REMARQUE.

Après les statues des souverains et des monuments érigés à la gloire des armées, je ne vois pas d'édifices plus beaux à élever sur les places publiques que d'imposantes fontaines. La chute des eaux, en donnant la vie aux monuments, rend les places plus attrayantes et plus animées.

Si, par exemple, la cour du Louvre se trouvait enrichie d'une fontaine consacrée aux beaux-arts telle que ce projet, assurément ce monument pyramidal, par l'ensemble de ses statues, de ses cascades abondantes, donnerait en quelque sorte la vie à ce beau palais des arts. Et si les yeux ne peuvent se lasser d'admirer les masses imposantes et les grands détails d'architecture et de sculpture qui ornent les façades de la cour du Louvre et offrent le type du vrai beau, l'imagination en recevrait encore de plus douces impressions; la chute des cascades romprait la monotonie de cette vaste cour, si imposante, mais, selon nous, trop silencieuse.

En proposant dans cet ouvrage divers projets de fontaines pour la ville de Paris, j'ai pensé que ces monuments ainsi conçus se rattachent à tous les genres de gloire d'une grande nation, et ne font naître dans les cœurs que de grandes et flatteuses émotions; car l'étranger, en traversant la capitale, n'éprouvera que le regret de savoir sa patrie privée de semblables monuments.

TROISIÈME PROJET.

Fontaine de la Navigation.

LA navigation nous a semblé un sujet éminemment convenable pour une fontaine imposante et pyramidale. Ainsi, pour caractériser ce monument, nous y avons réuni nos fleuves et rivières qui alimentent la navigation intérieure: la Seine, la Gironde, le Rhône, le Rhin, la Loire, la Durance, la Meuse et la Marne sont personnifiés; ces figures portent un pied sur des urnes d'où s'échappent des torrents qui retombent en cascades dans des coupes élégantes.

Du milieu de ces huit statues s'élève sur un socle une partie d'une colonne de l'ordre ionique. Au-dessus de sa base sont groupées quatre poupes de navires supportant les quatre parties du monde, pour indiquer l'immensité de la navigation qui répand le commerce des nations dans tout l'univers.

Le dieu des mers couronne ce monument en s'élevant au-dessus de la mappemonde.

Élévation, 66 pieds. Diamètre, 60 pieds.

QUATRIÈME PROJET.

Fontaine du Commerce.

MERCURE, qui seul caractérise le commerce, s'élève au-dessus d'un temple carré, du milieu duquel jaillit une gerbe d'eau dont l'abondance retombe en nappes imposantes dans divers bassins. En avant des entre-colonnements sont placées quatre statues, représentant l'industrie, l'intelligence, la mécanique et la vigilance. Vers le pied de l'édifice sont ajustées sur des socles quatre statues assises qui doivent représenter l'agriculture, l'abondance, le commerce et la navigation.

Si ces neuf statues étaient exécutées en bronze et le monument en marbre blanc, cette fontaine ne serait pas indigne de décorer une place publique.

Élévation, 68 pieds. Diamètre, 60.

Achèvement de la Fontaine de l'Éléphant

Achèvement de la Fontaine de l'Éliphant.

AUX
BEAUX ARTS
1825

Fontaine des Beaux-Arts.
12° Pariet

Fontaine de la Navigation
(1er Projet)

Fontaine de la Navigation
(Paris)

Fontaine du Commerce

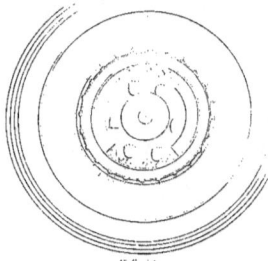

1. Projet.

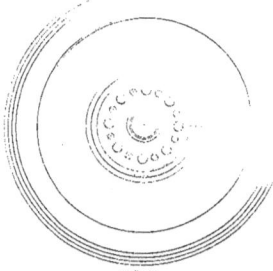

2. Projet.

3. Projet.

4. Projet.

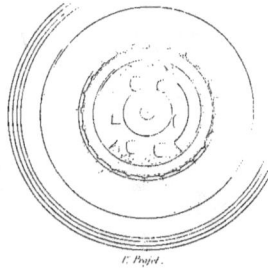

1.^r Projet.

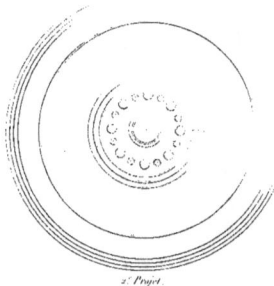

2.^e Projet.

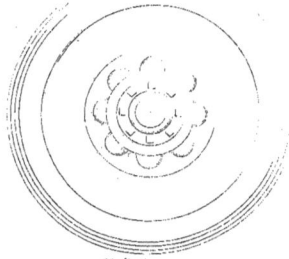

3.^e Projet.

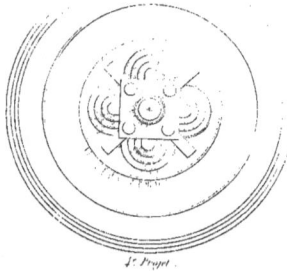

4.^e Projet.

Carme inv.

Bihou sc.

www.ingramcontent.com/pod-product-compliance
Lightning Source LLC
Chambersburg PA
CBHW070220200326
41520CB00018B/5721